（美）苏珊娜·斯莱德/文　（美）杰夫·耶什/图　丁克霞/译

北京时代华文书局

图书在版编目（C I P）数据

从一粒种子到一棵苹果树 /（美）苏珊娜·斯莱德文 ;（美）杰夫·耶什图 ; 丁克霞译. -- 北京 : 北京时代华文书局, 2019.5
（生命的旅程）
书名原文：From Seed to Apple Tree
ISBN 978-7-5699-2957-7

Ⅰ. ①从… Ⅱ. ①苏… ②杰… ③丁… Ⅲ. ①植物—儿童读物 Ⅳ. ① Q94-49

中国版本图书馆 CIP 数据核字（2019）第 032549 号

From Seed to Apple Tree Following the Life cycle
Author：Suzanne Slade
Illustrated by Jeff Yesh

版权登记号 01-2018-6436

生命的旅程 从一粒种子到一棵苹果树

Shengming De Lücheng Cong Yili Zhongzi Dao Yike Pingguoshu

著　　者 |（美）苏珊娜·斯莱德 / 文；（美）杰夫·耶什 / 图
译　　者 | 丁克霞

出 版 人 | 王训海
策划编辑 | 许日春
责任编辑 | 许日春　沙嘉蕊　王　佳
装帧设计 | 九　野　孙丽莉
责任印制 | 刘　银

出版发行 | 北京时代华文书局 http://www.bjsdsj.com.cn
北京市东城区安定门外大街 138 号皇城国际大厦 A 座 8 楼
邮编：100011 电话：010-64267955 64267677
印　　刷 | 小森印刷（北京）有限公司　　电话：010 － 80215073
（如发现印装质量问题，请与印刷厂联系调换）
开　　本 | 787mm×1092mm　1/20　　印 张 | 12　　字 数 | 125 千字
版　　次 | 2019 年 6 月第 1 版　　印 次 | 2019 年 6 月第 1 次印刷
书　　号 | ISBN 978-7-5699-2957-7
定　　价 | 138.00 元（全 10 册）

神奇的苹果树

苹果是一种美味可口、营养丰富的水果，全世界的人们都很喜欢吃它。世界上有几千种不同的苹果树。每种苹果树上结的果实，大小、颜色和口感都不完全一样。不过，所有成熟的苹果树都有相同的生命周期。我们一起了解一下金冠苹果树的生命周期吧。

苹果树体有三种基本尺寸：标准树体、半矮化树体、矮化树体。很多果园种植者都会选择种植半矮化或矮化的苹果树，因为它们能比标准尺寸的苹果树更早地结出果实。

幼小的开端

苹果树的生命是从一颗小小的、棕色的种子开始的。这颗种子包在苹果核里。一颗苹果种子大约只有一粒米那么大。在雨水的帮助下，这些小种子很快就能开始成长了。

种子

埋下种子之后，它们很快就会扎根。这些根须向下生长，从土壤里吸收水分。接着，嫩芽形成，冲出地面。只要能接触到温暖的阳光，它们就能迅速长很高。

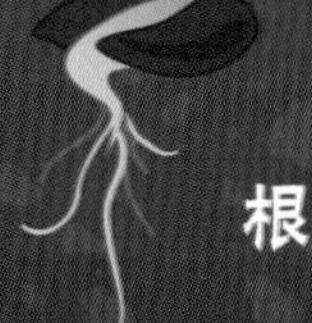

人们种植苹果树时，通常会直接种植幼苗。苹果树的生长需要充足的阳光，所以，不能将它们种在被其他树遮蔽到的地方。

从幼苗到小树

很快地，嫩芽就会长出柔软的、绿色的叶子，即变成幼苗。不到两年，这些小小的植物就会成为一棵棵年轻的苹果树，也就是小树。小树比幼苗强壮很多，树干也更加粗壮。

苹果树借助水、阳光和空气来获得自己所需的养分。这个过程就叫作光合作用。光合作用是在树叶的内部进行的。

四季中的变化

随着季节的变换，苹果树也会不断成长、变化。初春，树枝上会出现一些小小的凸起，也就是叶芽。等到这些叶芽变成叶子，树就开始制造和储存养分了。整个夏天，苹果树都在不停地生长。

秋天，冷空气袭来，树叶慢慢变色并凋落。整个冬天，苹果树都要靠夏天时储藏的养分来维持生命。

每年，苹果树都需要几周的低温天气。对苹果树来说，若要开花，低温天气必不可少，这样才能在温暖的春天里，盛放枝头。
秋季
冬季

长成大树

有5～7年树龄的金冠苹果树就可以算作是成年树了。一棵成年的苹果树高约9.2米。每年春季，成年的苹果树都会长出花蕾。

苹果树属于蔷薇科。苹果花多为白色和粉色，看起来仿佛荒野上的玫瑰。

授粉

4月中旬，苹果树上的粉色花蕾就逐渐绽开成为花朵，也就是开花。花朵的雄蕊，或者说一朵花的雄性器官，会分泌一种叫作花蜜的液体。蜜蜂和其他昆虫会从苹果花中吸取花蜜。当蜜蜂吸食花蜜的时候，花朵上叫作花粉的黄色粉末就会粘在它们的身体上。在它们去拜访另一朵花的时候，这些花粉会从蜜蜂身上飘下。

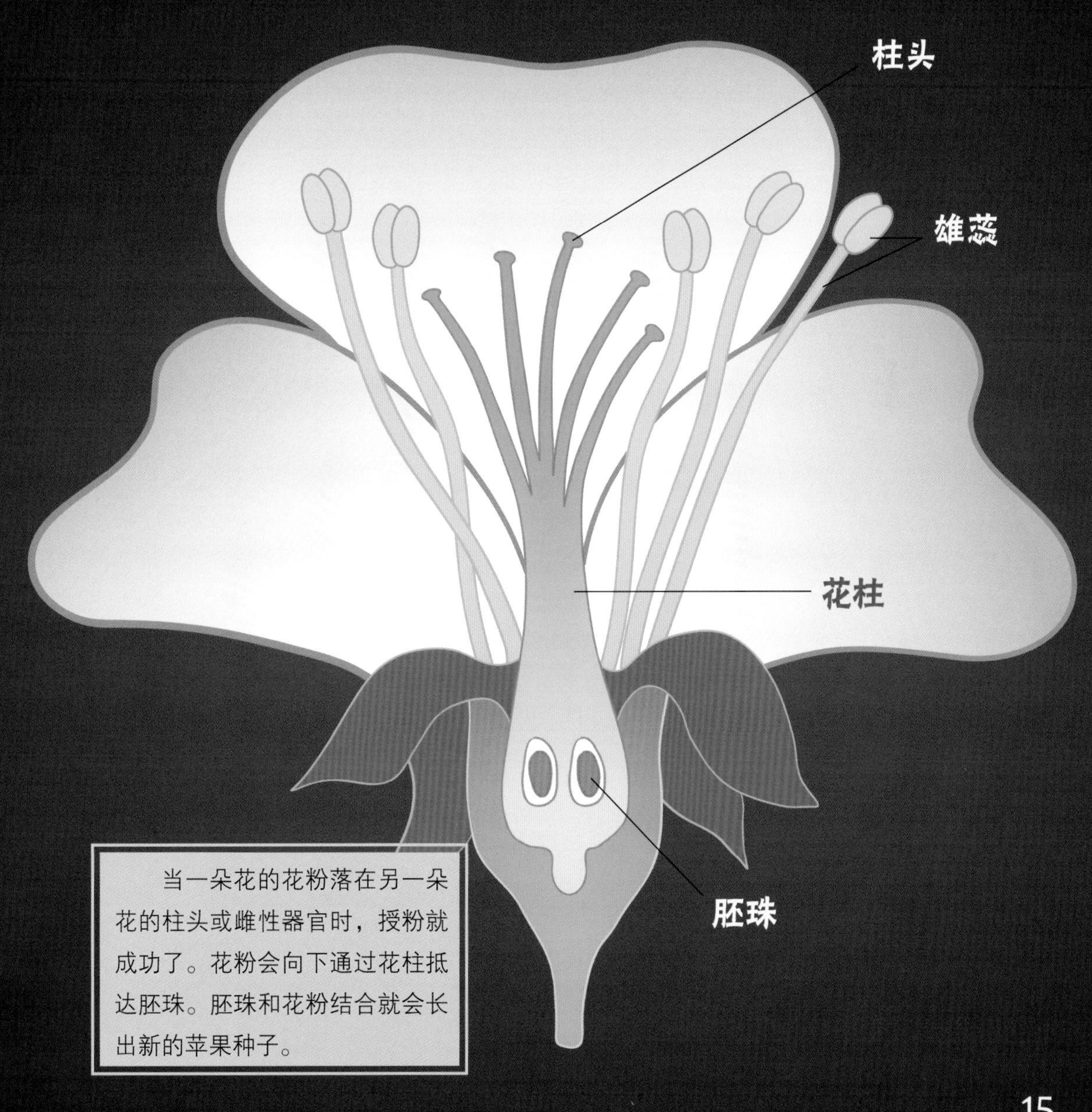

当一朵花的花粉落在另一朵花的柱头或雌性器官时，授粉就成功了。花粉会向下通过花柱抵达胚珠。胚珠和花粉结合就会长出新的苹果种子。

小苹果

5月初，花朵的花瓣开始变干并凋落。几周后，之前花朵的位置就会长出一个个小小的隆起物。这些隆起物就是一个个新结出的苹果。

花朵闻起来甜甜的，颜色也特别鲜艳，这些都是为了吸引蜜蜂和其他昆虫。当一朵花授粉之后，它的花瓣就会凋落，因为这时已经不再需要昆虫为它带来花粉。

苹果越长越大

新生的苹果通过树干获取养分和水分，从而不断长大。随着苹果逐渐长大，它们也变得越来越圆。整个炎热的夏季，这些小小的、酸酸的苹果都在不停地生长。

随着苹果的不断长大，金冠苹果的颜色会由深绿逐渐变成淡黄。大一点的苹果外皮上还会带一点粉红色。

丰收的季节

10月份，金冠苹果树上的苹果变黄了。苹果内部的果肉也变得甜美可口。这时候的苹果已经成熟，可以吃了。

在野外，苹果掉落地上，新的金冠苹果树的生命周期就又重新开始了。

一棵苹果树的寿命可达100年。随着果树逐渐变老，它们结的果实也越来越少。

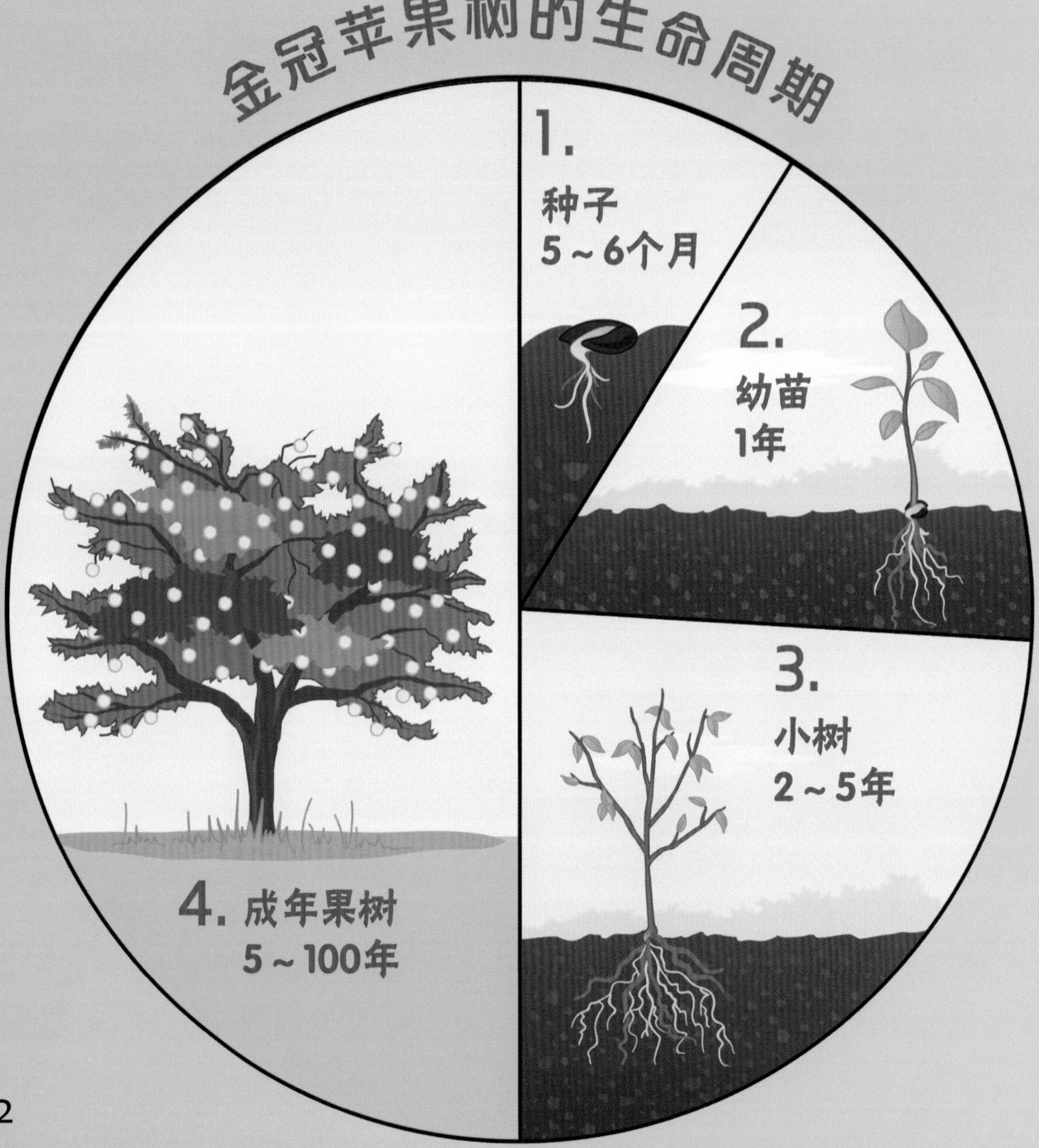

金冠苹果树的生命周期

1. 种子
5～6个月

2. 幼苗
1年

3. 小树
2～5年

4. 成年果树
5～100年

有趣的冷知识

★每个美国人平均每年吃65个苹果。金冠苹果是美国最受欢迎的三种苹果之一。

★大约36个苹果榨出的果汁才能制造约3.8升苹果醋。

★果农通过嫁接的方法培植新树。他们从一棵成年的苹果树上砍下一段树枝，并把它接在一棵年轻的苹果树上。这段树枝就会和小苹果树长在一起，并成为一棵新树。新树所结的苹果，与树枝原果树的苹果种类一样。

金冠苹果树